儿童第一套计算思维启蒙绘本

不插电的计算机科学 ①

尼可的困扰

倪 伟 著　　刘人榕　马丹红 绘

中国科学技术大学出版社

"咚！咚！咚！"尼可将军敲开了算盘老爷爷的房门。

尼可将军说："尊敬的老师，打扰了，我有重要的事情向您汇报！"

"是将军啊，请进！"算盘老爷爷和蔼地说道。

算盘老爷爷一边请将军坐下，一边关切地问道："是哪方面的事情？"

"谢谢！嗯……有关人类世界的！"尼可将军请了请嗓子，"我想我得完整地汇报一下，事情是这样的……"

比网店价更低

这得从一年前说起，那时我和一大帮计算机悠闲地躺在电脑城的销售柜台里，我们都在等待着被激活，等待着进入人类的家庭。

终于，我被一个中等个子、身材胖胖的
主人选中了，他付了款，高兴地带我回家了。

来到人类家庭，我认识了他
们：定定和他的爸爸妈妈。我成
为了他们家庭的一员。我的到来，给
家庭增添了色彩，爸爸妈妈可以用我来查
资料、看电影、网上购物、在线学习……

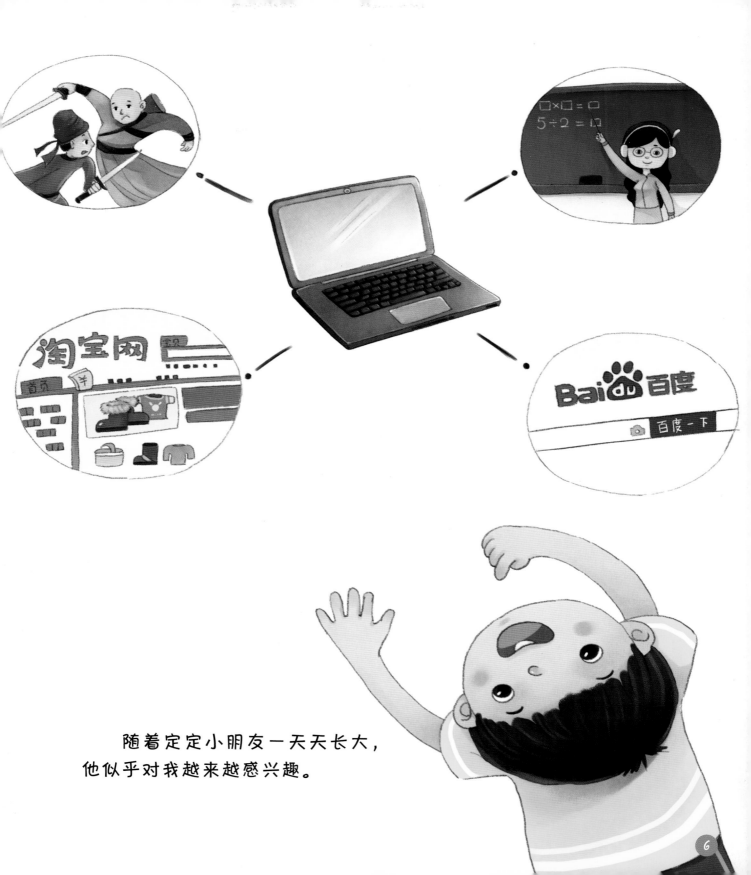

随着定定小朋友一天天长大，
他似乎对我越来越感兴趣。

暑假的一个早上，爸爸对妈妈说："现在是人工智能时代了，接触计算机是不可避免的，孩子既然有兴趣，就让他先接触一下吧！"
　　妈妈欣然同意了，定定高兴极了。就这样，定定开始正式和我亲密接触……

但是，令我担心的事情发生了，定定很快就迷上了我，他最感兴趣的是一些小游戏，似乎很多的小朋友都对游戏感兴趣。

每次玩完游戏，定定总是揉着眼睛很不情愿地离开我……

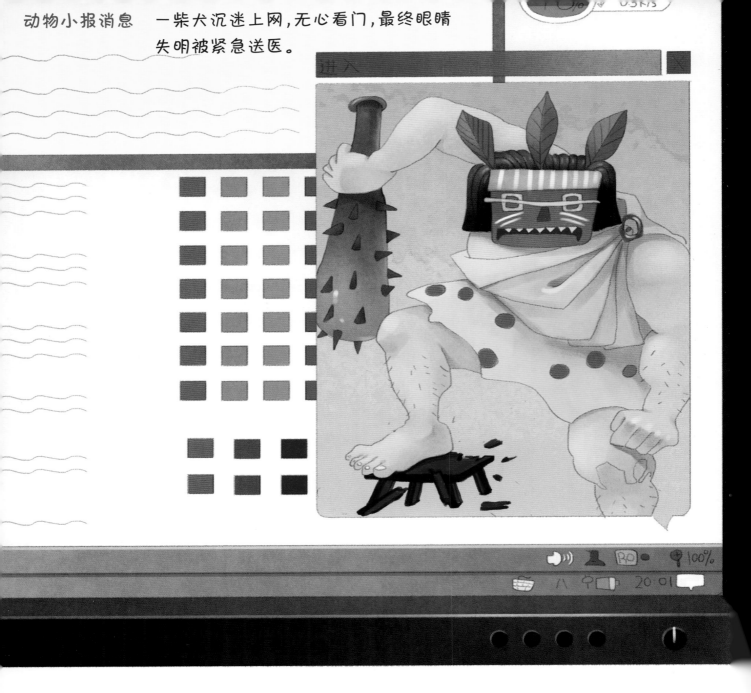

更可怕的是,网页上有时还会自动弹出一些不健康的内容,比如包含暴力内容的游戏广告。

我非常配合地帮助定定爸爸搜集相关资料,结果把我们吓了一大跳。

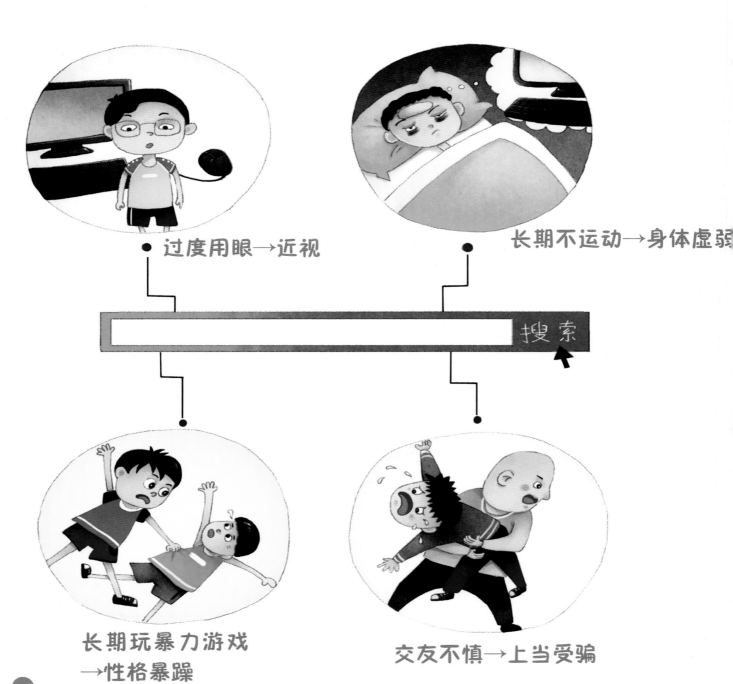

过度用眼→近视

长期不运动→身体虚弱

搜索

长期玩暴力游戏
→性格暴躁

交友不慎→上当受骗

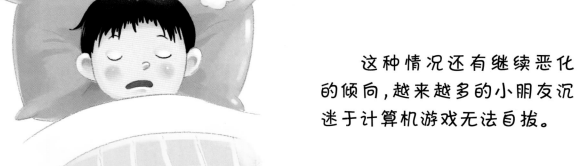

这种情况还有继续恶化的倾向,越来越多的小朋友沉迷于计算机游戏无法自拔。

咳咳

将军喝了一口水，继续汇报。

　　算盘老爷爷听完将军的话眉头紧皱:"是啊,儿童如何正确使用计算机的问题一直没有得到足够重视,那你们接下来打算怎么办?"

这两天,我全力配合定定爸爸搜集资料,还起草了一份关于儿童如何正确使用计算机的方案。

第一,学前儿童需要在家长的监护陪同下使用计算机,不能自己偷偷地使用。

第二,学前儿童使用计算机时,须注意保护视力,建议每次使用不超过20分钟。

躺 ✗

趴 ✗

驼背 ✗

第三,使用计算机的时候选择正确的坐姿,并保持背、腰和颈部直立,两肩自然下垂,双眼平视显示屏中央。

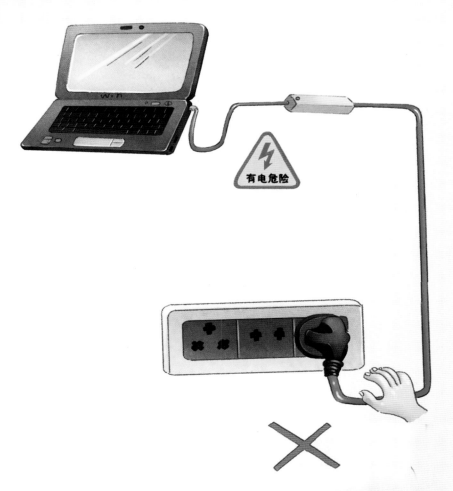

第四，严禁触碰计算机的电源插头，也不能随意私自拆解计算机。

第五，使用计算机之后，应该注意多补水，多吃新鲜的蔬菜和水果。

第六，爸爸妈妈应更多地带着孩子们
参加有趣的户外运动，注意劳逸结合。

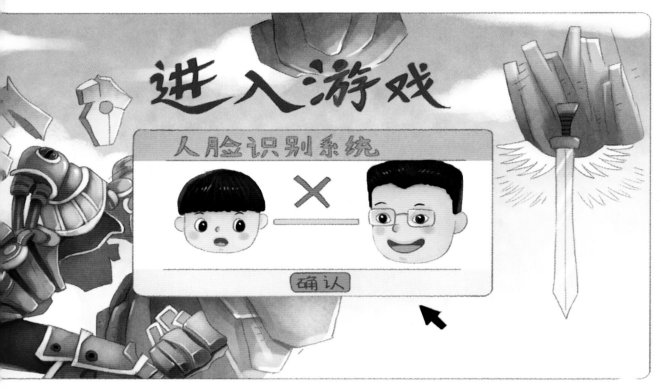

第七，呼吁社会各方面加强对儿童正确使用计算机的关注，比如针对成年人的游戏在登录前可以启用人脸识别系统，以杜绝儿童玩这些游戏。

第八，儿童应该接受正规的计算机教育，

比如 **不插电的计算机科学**。

"非常好！感谢你们做出的努力！"算盘老爷爷的眉头舒展了。

"好了，就是这些了。"尼可将军如释重负。

"下个月计算机王国将举办一年一度的'计算机大会',到时你来做一个主题演讲,我们要呼吁所有的计算机一起来帮助人类,让所有的儿童学会正确使用计算机!"算盘老爷爷下了命令。

"好的,保证完成任务!"尼可将军信心满满。

小朋友们，你们接受过正规的计算机教育吗？

瞧，幼儿园的李老师正在教孩子们如何正确使用计算机，大家听得可认真了。

各位小朋友，你与计算机有什么有趣的故事吗？

写在结尾的话

哈哈！很高兴家长们能陪孩子们耐心读完我的第一套绘本，非常感谢！

一直以来，从没有想过自己要写一套绘本过一把童真瘾，但作为一名讲授过计算思维素质课程的高校计算机教师，同时作为一名五岁孩子的父亲，我应该给孩子们介绍一些关于计算机的有趣的东西。于是，我在征得儿子所在幼儿园园长的同意，带领我的学生在幼儿园做幼儿计算思维启蒙实验的基础上"悟"出这套系列绘本。

每阅读一套绘本对孩子们来讲应该意味着获得新一轮的成长，绘本是他们的精神食粮和梦想的起点。绘本写作对于我来说也是一项复杂的系统工程，本人才疏学浅，所以恳请各位家长、小朋友们和各位同仁多多指正，欢迎写信给我，邮箱地址：niwei@cqut.edu.cn。

另外，刘志波、刘亚辉、王庆林三位老师以及重庆理工大学车辆工程学院产品设计专业杨尚静、易丹等同学对绘本创作提供了不少帮助，对他们一并表示感谢！同时也感谢重庆理工大学计算机科学与工程学院计算思维课程组周宏、王柯柯、黄丽丰老师的大力支持。

最后，还要感谢我儿子的小伙伴们，感谢他们为本套书提供人物原型，祝小朋友们茁壮成长！

第1册：颖囡囡、宝蛋、泽泽

第2册：源源、甜甜、悠悠妹、韬韬、小宋、恒恒、子龙、小鱼儿、伊伊、洋洋、桐桐

第3册：多多、豆豆、萱果果、文文、涵涵、西西、贝贝

第4册：钰囡囡、尧哥、阳阳、宁果果、翠悦

第5册：小馒头、甜甜、悠悠妹、豆芽、文文、阳阳、贝贝、翠悦